图说 配电网工程作业风险点管控

国网山东省电力公司运维检修部 组编

中国电力出版社
CHINA ELECTRIC POWER PRESS

内 容 提 要

为贯彻落实国家电网有限公司要求，扎实开展国家电网有限公司配电网工程现场安全管理提升专项行动，加强施工队伍管理、强化现场安全管控，国网山东省电力公司组织编制了《图说配电网工程作业风险点管控》，以卡通人物形象向广大工程管理人员和参建人员逐条解读，便于理解和记忆。

本书主要内容包括生产现场作业“十不干”，配网工程安全管理“十八项”禁令，配网工程防触电、防高坠、防倒杆“三十条”安全措施。

本书可供电力系统生产现场作业人员、管理人员使用。

图书在版编目（CIP）数据

图说配电网工程作业风险点管控 / 国网山东省电力公司运维检修部组编 . — 北京 : 中国电力出版社, 2019.2（2021.5重印）

ISBN 978-7-5198-2943-8

Ⅰ . ①图… Ⅱ . ①国… Ⅲ . ①配电系统－安全技术 Ⅳ . ① TM727

中国版本图书馆 CIP 数据核字 (2019) 第 024002 号

出版发行：中国电力出版社	印　　刷：北京瑞禾彩色印刷有限公司
地　　址：北京市东城区北京站西街 19 号	版　　次：2019 年 2 月第一版
邮政编码：100005	印　　次：2021 年 5 月北京第四次印刷
网　　址：http://www.cepp.sgcc.com.cn	开　　本：889 毫米 ×1194 毫米　横 24 开本
责任编辑：苗唯时（010-63412340）岳　璐	印　　张：3
责任校对：黄　蓓　常燕昆	字　　数：79 千字
装帧设计：郝晓燕	印　　数：7001—8000 册
责任印制：石　雷	定　　价：38.00 元

前言

国网山东省电力公司扎实开展国家电网有限公司配电网工程现场安全管理提升专项行动，加强施工队伍管理、强化现场安全管控，全面落实生产现场作业“十不干”，配网工程安全管理“十八项”禁令，配网工程防触电、防高坠、防倒杆“三十条”安全措施等要求，全面提升现场安全管控水平，努力实现“零死亡”的工作目标。

为贯彻落实国家电网有限公司要求，更加生动形象地解读文件内容，国网山东省电力公司组织编制了《图说配电网工程作业风险点管控》，以卡通人物形象向广大工程管理人员和参建人员逐条解读，便于理解和记忆，有效地提升了现场作业人员的安全意识，规范了作业行为。

本书在编写过程中，得到了国网德州供电公司、国网夏津县供电公司、国网肥城市供电公司等单位的支持和帮助，在此表示真诚的感谢！

由于时间仓促，书中不足之处敬请读者批评指正。

编者

目录

生产现场作业“十不干”

一、无票的不干。

二、工作任务、危险点不清楚的不干。

三、危险点控制措施未落实的不干。

四、超出作业范围未经审批的不干。

五、未在接地保护范围内的不干。

六、现场安全措施布置不到位、安全工器具不合格的不干。

七、杆塔根部、基础和拉线不牢固的不干。

八、高处作业防坠落措施不完善的不干。

九、有限空间内气体含量未经检测或检测不合格的不干。

十、工作负责人（专责监护人）不在现场的不干。

生产现场作业“十不干”释义

一、无票的不干

释义：在电气设备上及相关场所的工作，正确填用工作票、操作票是保证安全的基本组织措施。无票作业容易造成安全责任不明确、保证安全的技术措施不完善、组织措施不落实等问题，进而造成管理失控发生事故。倒闸操作应有调控值班人员、运维负责人正式发布的指令，并使用经事先审核合格的操作票；在电气设备上工作，应填用工作票或事故紧急抢修单，并严格履行签发许可等手续，不同的工作内容应填写对应的工作票；动火工作必须按要求办理动火工作票，并严格履行签发、许可等手续。

二、工作任务、危险点不清楚的不干

释义：在电气设备上的工作（操作），做到工作任务明确、作业危险点清楚，是保证作业安全的前提。工作任务、危险点不清楚，会造成不能正确履行安全职责、盲目作业、风险控制不足等问题。倒闸操作前，操作人员（包括监护人）应了解操作目的和操作顺序，对操作指令有疑问时应向发令人询问清楚无误后执行。持工作票工作前，工作负责人、专责监护人必须清楚工作内容、监护范围、人员分工、带电部位、安全措施和技术措施，清楚危险点及安全防范措施，并对工作班成员进行告知交底。工作班成员工作前要认真听取工作负责人、专责监护人交代，熟悉工作内容、工作流程，掌握安全措施，明确工作中的危险点，履行确认手续后方可开始工作。检修、抢修、试验等工作开始前，工作负责人应向全体作业人员详细交待安全注意事项，交待邻近带电部位，指明工作过程中的带电情况，做好安全措施。

三、危险点控制措施未落实的不干

释义：采取全面有效的危险点控制措施，是现场作业安全的根本保障，分析出的危险点及预控措施也是“两票”“三措”等中的关键内容，在工作前向全体作业人员告知，能有效防范可预见性的安全风险。运维人员应根据工作任务、设备状况及电网运行方式，分析倒闸操作过程中的危险点并制定防控措施，操作过程中应再次确认落实到位。工作负责人在工作许可手续完成后，组织作业人员统一进入作业现场，进行危险点及安全防范措施告知，全体作业人员签字确认。全体人员在作业过程中，应熟知各方面存在的危险因素，随时检查危险点控制措施是否完备、是否符合现场实际，危险点控制措施未落实到位或完备性遭到破坏的，要立即停止作业，按规定补充完善后再恢复作业。

四、超出作业范围未经审批的不干

释义：在作业范围内工作，是保障人员、设备安全的基本要求。擅自扩大工作范围、增加或变更工作任务，将使作业人员脱离原有安全措施保护范围，极易引发人身触电等安全事故。增加工作任务时，如不涉及停电范围及安全措施的变化，现有条件可以保证作业安全，经工作票签发人和工作许可人同意后，可以使用原工作票，但应在工作票上注明增加的工作项目，并告知作业人员。如果增加工作任务时涉及变更或增设安全措施，应先办理工作票终结手续，然后重新办理新的工作票，履行签发、许可手续后，方可继续工作。

五、未在接地保护范围内的不干

释义：在电气设备上工作，接地能够有效防范检修设备或线路突然来电等情况。未在接地保护范围内作业，如果检修设备突然来电或临近高压带电设备存在感应电，容易造成人身触电事故。检修设备停电后，作业人员必须在接地保护范围内工作。禁止作业人员擅自移动或拆除接地线。高压回路上的工作，必须要拆除全部或一部分接地线后始能进行工作者，应征得运维人员的许可（根据调控人员指令装设的接地线，应征得调控人员的许可），方可进行，工作完毕后立即恢复。

六、现场安全措施布置不到位、安全工器具不合格的不干

释义：悬挂标示牌和装设遮栏（围栏）是保证安全的技术措施之一。标示牌具有警示、提醒作用，不悬挂标示牌或悬挂错误存在误拉合设备和误登、误碰带电设备的风险。围栏具有阻隔、截断的作用，如未在工作地点四周装设至出入口的围栏、未在带电设备四周装设全封闭围栏或围栏装设错误，存在误入带电间隔，将带电体视为停电设备的风险。安全工器具能够有效防止触电、灼伤、坠落、摔跌等，保障工作人员人身安全。合格的安全工器具是保障现场作业安全的必备条件，使用前应认真检查无缺陷，确认试验合格并在试验期内，拒绝使用不合格的安全工器具。

七、杆塔根部、基础和拉线不牢固的不干

释义：近年来，公司系统多次发生因倒塔导致的人身伤亡事故，教训极为深刻。确保杆塔稳定性，对于防范杆塔倾倒造成作业人员坠落伤亡事故十分关键。作业人员在攀登杆塔作业前，应检查杆塔根部、基础和拉线是否牢固，铁塔塔材是否缺少，螺栓是否齐全、匹配和紧固。铁塔组立后，地脚螺栓应随即加垫板并拧紧螺母及打毛丝扣。新立的杆塔应注意检查杆塔基础，若杆基未完全牢固，回填土或混凝土强度未达标准或未做好临时拉线前，不能攀登。

八、高处作业防坠落措施不完善的不干

释义：高坠是高处作业最大的安全风险，防高处坠落措施能有效保证高处作业人员人身安全。高处作业均应先搭设脚手架、使用高空作业车、升降平台或采取其他防止坠落措施，方可进行。在没有脚手架或者在没有栏杆的脚手架上工作，高度超过1.5m时，应使用安全带，或采取其他可靠的安全措施。在高处作业过程中，要随时检查安全带是否拴牢。高处作业人员在转移作业地点过程中，不得失去安全保护。

九、有限空间内气体含量未经检测或检测不合格的不干

释义：有限空间进出口狭小，自然通风不良，易造成有毒有害、易燃易爆物质聚集或含氧量不足，在未进行气体检测或检测不合格的情况下冒然进入，可能造成作业人员中毒、有限空间燃爆事故。电缆井、电缆隧道、深度超过2m的基坑、沟（槽）内等工作环境比较复杂，同时又是一个相对密闭的空间，容易聚集易燃易爆及有毒气体。在上述空间内作业，为避免中毒及氧气不足，应排除浊气，经气体检测合格后方可工作。

十、工作负责人（专责监护人）不在现场的不干

释义：工作监护是安全组织措施的最基本要求，工作负责人是执行工作任务的组织指挥者和安全负责人，工作负责人、专责监护人应始终在现场认真监护，及时纠正不安全行为。作业过程中，工作负责人、专责监护人应始终在工作现场认真监护。专责监护人临时离开时，应通知被监护人员停止工作或离开工作现场。专责监护人必须长时间离开工作现场时，应变更专责监护人。工作期间工作负责人若因故暂时离开工作现场时，应指定能胜任的人员临时代替，并告知工作班成员。工作负责人必须长时间离开工作现场时，应变更工作负责人，并告知全体作业人员及工作许可人。

一、无票的不干。

正确填用工作票、操作票是保证安全的基本组织措施,无票作业容易造成管理失控发生事故。
还没有工作票呢?
没事,干就行!
马上停止工作!
督察

二、工作任务、危险点不清楚的不干。

三、危险点控制措施未落实的不干。

四、超出作业范围未经审批的不干。

五、未在接地保护范围内的不干。

六、现场安全措施布置不到位、安全工器具不合格的不干。

七、杆塔根部、基础和拉线不牢固的不干。

八、高处作业防坠落措施不完善的不干。

九、有限空间内气体含量未经检测或检测不合格的不干。

十、工作负责人（专责监护人）不在现场的不干。

配网工程安全管理“十八项”禁令

一、严禁转包和违规分包。
二、严禁施工人员无证作业。
三、严禁未经安全培训进场作业。
四、严禁劳务分包人员担任工作负责人或独立作业。
五、严禁无票、无施工方案作业。
六、严禁不交底开展施工。
七、严禁约时停、送电。
八、严禁施工人员操作运行设备。
九、严禁工作负责人（监护人）擅自离岗。
十、严禁擅自扩大工作范围。
十一、严禁擅自变更现场安全措施。
十二、严禁使用未经检验或不合格安全工器具。
十三、严禁不挂接地线施工。
十四、严禁不验电挂接地线。
十五、严禁不打拉线放、紧线。
十六、严禁杆基不牢登杆作业。
十七、严禁登高不系安全带。
十八、严禁上下抛掷施工材料及工器具。

一、严禁转包和违规分包。

二、严禁施工人员无证作业。

三、严禁未经安全培训进场作业。

四、严禁劳务分包人员担任工作负责人或独立作业。

五、严禁无票、无施工方案作业。

六、严禁不交底开展施工。

七、严禁约时停、送电。

八、严禁施工人员操作运行设备。

九、严禁工作负责人（监护人）擅自离岗。

十、严禁擅自扩大工作范围。

十一、严禁擅自变更现场安全措施。

十二、严禁使用未经检验或不合格安全工器具。

十三、严禁不挂接地线施工。

十四、严禁不验电挂接地线。

十五、严禁不打拉线放、紧线。

十六、严禁杆基不牢登杆作业。

十七、严禁登高不系安全带。

十八、严禁上下抛掷施工材料及工器具。

配网工程防触电、防高坠、防倒杆“三十条”安全措施

一、防触电安全措施

1. 工作前必须开展现场勘察。现场勘察应明确施工作业范围内需要停电的范围、保留的带电部位、接地线装设的位置、数量以及邻近线路、交叉跨越、联络电源、分布式电源等危险点。

2. 严格执行停电、验电、挂接地线、悬挂标示牌和装设遮栏（围栏）等保证安全的技术措施。禁止作业人员越过未经验电、接地的线路对上层线路验电。验电时应采用相应电压等级且经检验合格的验电器，在设备金属裸露部位验电。装拆接电线应使用绝缘棒并戴绝缘手套。工作地段内有可能反送电的各分支线都应挂接地线。

3. 停电时必须断开所有送电至工作设备各侧的开关、刀闸、熔断器等，并悬挂醒目的安全标示牌（“禁止合闸，有人工作！”或“禁止合闸，线路有人工作！”）。在配电双电源用户接入点和有反送电可能的高低压电源侧，应悬挂“禁止合闸，线路有人工作！”等安全标示牌。

4. 对于因交叉跨越、平行或邻近带电线路、设备导致施工线路或设备可能产生感应电压时，应加装接地线或使用个人保安线。展放绝缘导线时，应将线盘尾线剥开并在放线架处设置可靠的万向接地装置。

5. 同杆塔架设的线路停电登杆作业，杆塔上所有 10kV 及以下的线路必须停电并接地。跨越电力线路施工时，被跨越的线路一般应停电并接地。不能采取停电接地措施时，应搭设跨越架，跨越架必须经验收合格后方可使用。

6. 工作许可前，工作许可人与工作负责人应根据工作票（作业票）和施工方案内容，逐一核对、确认保证安全的技术措施的全部执行。

7. 施工电源必须有漏电保护装置。电动工器具、机具金属外壳必须接地，使用前必须检测漏电保护装置是否正确动作。取用电源必须符合规范，短时用电时应使用移动电源盘，长时间用电可架设临时施工电源线路。

8. 作业前，应认真核对停电检修线路（设备）的双重编号无误，核对杆塔色标，判别标识无误，方可在监护下作业。

9. 放线、撤线与紧线时，应控制导线摆（跳）动，

保持与带电线路的安全距离；遇有5级及上大风时，应停止作业。

10.作业时，严禁擅自变更工作范围或安全措施。办理工作终结手续前，应确认所有施工人员已撤离工作现场，接地线、标示牌等已拆除。

二、防高坠安全措施

11.上下杆塔及杆塔上作业全过程必须有安全带保护，当存在较大风险时应设专人监护。雷电、大风等恶劣天气时，应停止露天高处作业。

12.登杆前须认真检查登高器具（登高板、脚扣等）是否牢固、可靠，钢管塔爬梯或脚钉是否齐全牢固。

13.攀登有覆冰、积雪、积霜、雨水的杆塔时，应采取防滑措施。

14.对于附着物较多的杆塔，登高时宜采用斗臂车方式进行作业。禁止攀登倾斜、横向裂纹、露筋严重的电杆，确需登高时，应使用斗臂车等机械辅助登高器具。

15.采用登高工具跨越障碍物时，必须经验电确认安全后方可跨越，跨越过程中不得失去安全保护。

16.在杆塔上作业时，宜使用有后备保护绳或速差自锁器的双控背带式安全带。安全带应高挂低用，安全带和后备保护绳应分别挂在电杆不同部位的牢固构件上。高处作业过程中，应随时检查安全带是否系牢。

17.作业人员攀登杆塔、杆塔上移位及杆塔上作业时，手扶的构件应牢固，应全程系好安全带，不得失去安全保护，并防止安全带从杆顶脱出或被锋利物件损坏。

18.严禁携带器材登杆。杆上所用工具应装在工具袋内，高空作业传递工具、器材应使用绳索，不得抛扔。严禁借助绳索、拉线上下杆塔或顺杆下滑。

19.杆塔上有人工作时，严禁调整或拆除拉线。

20.使用梯子进行高处作业时，梯子应坚固完整，有防滑措施和限高标志，有专人扶梯。梯子严禁绑接使用。

三、防倒杆安全措施

21.严格基础设计。规范设计勘察，配网架空线路水泥电杆基础设计以加装底盘和卡盘为前提。经充分论证，无需加装底盘卡盘的，则不加装。对于坡道、河边等易造成基础冲刷，或埋深无法满足的电杆，应提出加固措施。

22.严肃立杆前检查。施工、监理单位应提前对电杆逐根进行检查。重点检查电杆横、纵向裂纹、3m标记线、制造厂标识和载荷级别等。

23.严格基础施工质量工艺。直线杆卡盘应顺线路方向，左、右侧交替埋设，承力杆卡盘埋设在承力侧。电杆基坑回填土时，应分层夯实，人工夯实每回填不大于0.2m夯实一次，机具夯实每回填不大于0.3m夯实一次。回填后的电杆应设置0.3m防沉土台，土台面积应大于坑口面积。

24. 严格执行立杆旁站监理。立杆过程监理人员应采取旁站方式，重点监督隐蔽工程质量和电杆埋深。

25. 严格落实登杆许可。登杆作业前，现场施工负责人应带领登杆人员检查杆根、杆身、拉线及基础加固措施等，检查电杆横向裂纹和金具锈蚀情况，并确认登杆人员精神状态。作业人员必须经过现场施工负责人许可后方可登杆，登杆前应仔细查看杆基是否夯实，有无浸水。

26. 必须履行工作监护制。立（撤）杆作业时，监护人不得擅自离开监护岗位，必须全过程、全时段在现场监督检查。

27. 立（撤）杆塔要由专人统一指挥。起吊作业的施工机械安全措施应到位，吊车应停放在合适位置，确保各支腿平稳牢固。立（撤）杆时，必须检查钢丝绳是否锈蚀、断股，防止起吊过程中被锐物刮伤。除作业人员外，在杆长1.2倍范围内禁止任何人员和车辆进入。

28. 利用已有杆塔立（撤）杆，应先检查杆塔强度及根部的牢固程度，必要时增设临时拉线并补强。

29. 紧线、撤线前，应检查拉线、桩锚及杆塔。必要时，应加固桩锚或增设临时拉线。紧、撤线时应防止导线接头被滑轮或其他异物卡住，造成过牵引导致倒杆或断杆。禁止采用突然剪断带张力导线的做法松线。

30. 放线、紧线前，应检查导线与牵引绳的连接应可靠。紧线前应检查导线卡线器适用范围是否与导线型号是否一致，导线上是否存在泥水等异物。

一、防触电安全措施

1. 工作前必须开展现场勘察。现场勘察应明确施工作业范围内需要停电的范围、保留的带电部位、接地线装设的位置、数量以及邻近线路、交叉跨越、联络电源、分布式电源等危险点。

2. 严格执行停电、验电、挂接地线、悬挂标示牌和装设遮栏（围栏）等保证安全的技术措施。禁止作业人员越过未经验电、接地的线路对上层线路验电。验电时应采用相应电压等级且经检验合格的验电器，在设备金属裸露部位验电。装拆接电线应使用绝缘棒并戴绝缘手套。工作地段内有可能反送电的各分支线都应挂接地线。

3. 停电时必须断开所有送电至工作设备各侧的开关、刀闸、熔断器等，并悬挂醒目的安全标示牌（“禁止合闸，有人工作！”或“禁止合闸，线路有人工作！”）。在配电双电源用户接入点和有反送电可能的高低压电源侧，应悬挂“禁止合闸，线路有人工作！”等安全标示牌。

4. 对于因交叉跨越、平行或邻近带电线路、设备导致施工线路或设备可能产生感应电压时，应加装接地线或使用个人保安线。展放绝缘导线时，应将线盘尾线剥开并在放线架处设置可靠的万向接地装置。

5. 同杆塔架设的线路停电登杆作业，杆塔上所有 10kV 及以下的线路必须停电并接地。跨越电力线路施工时，被跨越的线路一般应停电并接地。不能采取停电接地措施时，应搭设跨越架，跨越架必须经验收合格后方可使用。

6. 工作许可前，工作许可人与工作负责人应根据工作票（作业票）和施工方案内容，逐一核对、确认保证安全的技术措施的全部执行。

7. 施工电源必须有漏电保护装置。电动工器具、机具金属外壳必须接地，使用前必须检测漏电保护装置是否正确动作。取用电源必须符合规范，短时用电时应使用移动电源盘，长时间用电可架设临时施工电源线路。

8. 作业前，应认真核对停电检修线路（设备）的双重编号无误，核对杆塔色标，判别标识无误，方可在监护下作业。

9. 放线、撤线与紧线时，应控制导线摆（跳）动，保持与带电线路的安全距离；遇有 5 级及以上大风时，应停止作业。

10. 作业时，严禁擅自变更工作范围或安全措施。办理工作终结手续前，应确认所有施工人员已撤离工作现场，接地线、标示牌等已拆除。

二、防高坠安全措施

11. 上下杆塔及杆塔上作业全过程必须有安全带保护，当存在较大风险时应设专人监护。雷电、大风等恶劣天气时，应停止露天高处作业。

12. 登杆前须认真检查登高器具（登高板、脚扣等）是否牢固、可靠，钢管塔爬梯或脚钉是否齐全牢固。

13. 攀登有覆冰、积雪、积霜、雨水的杆塔时，应采取防滑措施。

14. 对于附着物较多的杆塔，登高时宜采用斗臂车方式进行作业。禁止攀登倾斜、横向裂纹、露筋严重的电杆，确需登高时，应使用斗臂车等机械辅助登高器具。

15. 采用登高工具跨越障碍物时，必须经验电确认安全后方可跨越，跨越过程中不得失去安全保护。

16. 在杆塔上作业时，宜使用有后备保护绳或速差自锁器的双控背带式安全带。安全带应高挂低用，安全带和后备保护绳应分别挂在电杆不同部位的牢固构件上。高处作业过程中，应随时检查安全带是否系牢。

17. 作业人员攀登杆塔、杆塔上移位及杆塔上作业时，手扶的构件应牢固，应全程系好安全带，不得失去安全保护，并防止安全带从杆顶脱出或被锋利物件损坏。

18. 严禁携带器材登杆。杆上所用工具应装在工具袋内，高空作业传递工具、器材应使用绳索，不得抛扔。严禁借助绳索、拉线上下杆塔或顺杆下滑。

19. 杆塔上有人工作时，严禁调整或拆除拉线。

20. 使用梯子进行高处作业时，梯子应坚固完整，有防滑措施和限高标志，有专人扶梯。梯子严禁绑接使用。

三、防倒杆安全措施

21. 严格基础设计。规范设计勘察，配网架空线路水泥电杆基础设计以加装底盘和卡盘为前提。经充分论证，无需加装底盘卡盘的，则不加装。对于坡道、河边等易造成基础冲刷，或埋深无法满足的电杆，应提出加固措施。

22. 严肃立杆前检查。施工、监理单位应提前对电杆逐根进行检查。重点检查电杆横、纵向裂纹、3m 标记线、制造厂标识和载荷级别等。

23. 严格基础施工质量工艺。直线杆卡盘应顺线路方向，左、右侧交替埋设，承力杆卡盘埋设在承力侧。电杆基坑回填土时，应分层夯实，人工夯实每回填不大于 0.2m 夯实一次，机具夯实每回填不大于 0.3m 夯实一次。回填后的电杆应设置 0.3m 防沉土台，土台面积应大于坑口面积。

24. 严格执行立杆旁站监理。立杆过程监理人员应采取旁站方式，重点监督隐蔽工程质量和电杆埋深。

25. 严格落实登杆许可。登杆作业前，现场施工负责人应带领登杆人员检查杆根、杆身、拉线及基础加固措施等，检查电杆横向裂纹和金具锈蚀情况，并确认登杆人员精神状态。作业人员必须经过现场施工负责人许可后方可登杆，登杆前应仔细查看杆基是否夯实，有无浸水。

26. 必须履行工作监护制。立（撤）杆作业时，监护人不得擅自离开监护岗位，必须全过程、全时段在现场监督检查。

27. 立（撤）杆塔要由专人统一指挥。起吊作业的施工机械安全措施应到位，吊车应停放在合适位置，确保各支腿平稳牢固。立（撤）杆时，必须检查钢丝绳是否锈蚀、断股，防止起吊过程中被锐物刮伤。除作业人员外，在杆长 1.2 倍范围内禁止任何人员和车辆进入。

28. 利用已有杆塔立（撤）杆，应先检查杆塔强度及根部的牢固程度，必要时增设临时拉线并补强。

29. 紧线、撤线前，应检查拉线、桩锚及杆塔。必要时，应加固桩锚或增设临时拉线。紧、撤线时应防止导线接头被滑轮或其他异物卡住，造成过牵引导致倒杆或断杆。禁止采用突然剪断带张力导线的做法松线。

30. 放线、紧线前，应检查导线与牵引绳的连接应可靠。紧线前应检查导线卡线器适用范围是否与导线型号一致，导线上是否存在泥水等异物。